Rohit Kalotra

Papel da HB1 em Brassica Juncea na infeção por Meloidogyne Incognita

Rohit Kalotra

Papel da HB1 em Brassica Juncea na infeção por Meloidogyne Incognita

ScienciaScripts

Cover image: www.ingimage.com

This book is a translation from the original published under ISBN 978-3-659-83406-6.

Publisher:
Sciencia Scripts
is a trademark of
Dodo Books Indian Ocean Ltd. and OmniScriptum S.R.L publishing group

120 High Road, East Finchley, London, N2 9ED, United Kingdom
Str. Armeneasca 28/1, office 1, Chisinau MD-2012, Republic of Moldova, Europe
Managing Directors: Ieva Konstantinova, Victoria Ursu
info@omniscriptum.com

Printed at: see last page
ISBN: 978-620-8-50135-8

ÍNDICE DE CONTEÚDOS

Agradecimentos

O sucesso vem para aqueles que se esforçam por alcançá-lo. Para atingir o seu objetivo, é necessário muito trabalho árduo e eficiência. Neste processo, é preciso contar com todo o incentivo e ajuda das pessoas. Muitas vezes, as palavras não conseguem exprimir o sentimento de gratidão que sentimos pelos nossos benfeitores e mentores.

Aproveito a oportunidade para exprimir os meus mais sinceros agradecimentos ao "Todo-Poderoso" por ter derramado os seus cuidados, abençoado tudo e tornado este trabalho um êxito.

Sinto-me imensamente privilegiado ao exprimir a minha sincera gratidão à minha venerada orientadora, a Dra. Puja Ohri, Professora-cum-Curadora, Departamento de Zoologia, Universidade Guru Nanak^ Dev, pela sua orientação especializada, conselhos valiosos, encorajamento e críticas construtivas.

Estou grato a Diana Handa pela sua ajuda e apoio fundamentais.

Agradeço profundamente o amor e o apoio do meu pai Shri. Hans Raj e da minha mãe Smt. Jia rani.

Por último, quero também exprimir o meu profundo amor e a minha dívida para com os meus avós, Shiv ditta e Kaushialya Devi, cuja bênção sempre me mostrou o caminho certo na minha vida.

Rohit Kalotra

1. INTRODUÇÃO

Os nemátodos são pequenos vermes. O nome "Nemátodo" vem da palavra grega "nema" que significa "fio" e "edios" que significa "semelhante, forma". Quatro em cada cinco animais multicelulares da Terra são nemátodos. Estão presentes em quase todo o lado, nos campos cultivados, nas dunas de areia, nos sedimentos sob o fundo dos oceanos, nas águas subterrâneas, nas plantas, nos animais e até nos seres humanos. Até à data, foram classificadas cerca de 30.000 espécies de nemátodos (50% marinhos, 25% de vida livre, 15% parasitas de animais e 10% parasitas de plantas). Globalmente, os nemátodos parasitas de plantas mais importantes são os nemátodos das galhas, espécies de *Meloidogyne*, uma vez que infectam a maioria das espécies de plantas economicamente importantes no mundo (Trudgill e Blok, 2001). Os nemátodos das galhas existem em climas quentes ou invernos curtos. Cerca de 2000 plantas são susceptíveis de serem infectadas por nemátodos das galhas causando aproximadamente 5% da perda de culturas global (Sasser e Carter, 1985). As larvas do nemátodo das galhas infectam as raízes , das plantasprovocando o desenvolvimento de galhas que drenam o fotossintato e os nutrientes da planta. A infeção de plantas jovens pode ser letal, enquanto a infeção de plantas adultas provoca uma diminuição da produção. A espécie *Meloidogyne* é a espécie mais patogénica de nemátodes que infecta a maioria das culturas e pode causar uma redução de rendimento de até 64% (Khan *et al.,* 1996).

Quatro espécies de *Meloidogyne (M. javanica, M. arenaria, M. incognita e M. hapla)* são pragas importantes em todo o mundo (Eisenback e Triantaphyllou, 1991). *Meloidogyne* ocorre em várias culturas listadas como tendo nemátodos parasitas de plantas de grande importância, desde culturas de campo, passando por pastagens e gramíneas, até culturas hortícolas, ornamentais e vegetais (Stirling *et al.,* 1995).
Se os nemátodes das galhas se estabelecerem em culturas profundas, os nemátodes das galhas podem ser considerados como uma espécie de parasitas.
Se a cultura for enraizada e perene, o controlo é difícil. *Meloidogyne* spp. foi registado

pela primeira vez na mandioca (Neal, 1889). Os danos causados à mandioca são variáveis e vão de negligenciáveis a gravemente prejudiciais (Jatala e Bridge, 1990). A infeção no início da estação conduz a danos mais graves (Makumbi-kidza *et al.*, 2000). A infeção por nemátodos na maioria das culturas reduz a saúde e o crescimento da planta. Na mandioca, os danos provocados por nemátodos levam, por vezes, a um aumento do crescimento da parte aérea, à medida que as plantas tentam compensar. Isto permite possivelmente que a planta mantenha um nível razoável de produção e, por conseguinte, as correlações aéreas com a densidade de nemátodos podem ser positivas, negativas ou nulas (Gapasin *et al.*, 1980). As culturas hortícolas cultivadas em climas quentes sofrem perdas graves devido aos nemátodos das galhas e são frequentemente tratadas por rotina com um nematicida . químicoOs danos causados pelos nemátodos das galhas resultam num crescimento deficiente, numa diminuição do crescimento, da qualidade, do rendimento, da resistência da cultura e de outros stresses (por exemplo, seca, outras doenças). Um nível elevado de danos pode levar à perda total da cultura. As raízes danificadas por nemátodos não utilizam a água e os fertilizantes de forma tão eficaz, o que leva a perdas adicionais para o agricultor. Foi sugerido que níveis de *Meloidogyne* spp. suficientes para causar danos raramente ocorrem naturalmente na mandioca (Gapasin *et al.*, 1980). No entanto, com a mudança dos sistemas agrícolas, num complexo de doenças ou enfraquecido por outros factores, os danos causados por nemátodos estão também associados a outros problemas (Theberge, 1985).

Os nemátodos passam por uma fase embrionária, quatro fases juvenis ($J^{(1}$)-J^4) e uma fase adulta. Os parasitas *Meloidogynes* juvenis eclodem dos ovos como juvenis vermiformes de segunda fase (J^2), tendo a primeira muda ocorrido dentro do ovo, e os juvenis recém-eclodidos têm uma curta fase de vida livre no solo, na rizosfera das plantas hospedeiras. Os juvenis podem voltar a invadir as plantas hospedeiras dos seus progenitores ou migrar através do solo para encontrar uma nova raiz hospedeira. As larvas J^2 não se alimentam durante a fase de vida livre, mas utilizam lípidos armazenados no intestino (Eisenback e Triantaphyllou, 1991).

A Brassica juncea, mostarda indiana, mostarda chinesa, Jie Cai (em mandarim) ou Kai Choi (em cantonês) ou mostarda de folhas é uma espécie de planta de mostarda. O género *Brassica* é um dos 51 géneros da tribo Brassiceae pertencente à família das crucíferas e é o género economicamente mais importante desta tribo, contendo 37 espécies diferentes (Gomez-Campo, 1980). Muitas espécies de culturas estão incluídas no género *Brassica,* que fornece raízes, folhas, caules, botões, flores e sementes comestíveis. *Brassica juncea* (n = 18) é uma espécie anfidiplóide derivada de cruzamentos interespecíficos entre *B. nigra* (n = 9) e *B. rapa* (n = 10). Foram encontradas formas selvagens de *B. juncea* no Próximo Oriente e no sul do Irão, cultivadas como oleaginosa na Índia (mostarda castanha ou indiana) e como vegetal de folha na China, onde a mostarda de folha tem a sua maior diferenciação. Além disso, as formas de raiz var. napiformis são cultivadas na China. No entanto, a China não pode ser considerada como um centro de origem da *B. juncea* porque as duas espécies-mãe, *B. nigra* e *B. rapa*, nunca foram encontradas como espécies selvagens no país. As formas chinesas *de B. juncea* são de semente amarela, em contraste com os tipos indianos de semente castanha. Na Ucrânia, os tipos de *B. juncea* com sementes amarelas são cultivados como sementes oleaginosas. Os tipos de sementes oleaginosas indianas contêm principalmente 3-butenil glucosinolato nas suas sementes e tecido vegetativo, enquanto *a B. juncea* da China contém apenas 2-propenil (alil) glucosinolato e apenas quantidades vestigiais de 3-butenil glucosinolato. *A Brassica juncea* é também cultivada para a produção de mostarda condimentar nos países ocidentais, com uma produção importante no oeste do Canadá (mostarda castanha e oriental). É uma óptima fonte de nutrição (100 gramas de mostarda cozida fornecem 26 calorias, uma fonte rica em vitaminas A, C e K e uma fonte moderada de vitamina E e cálcio). As verduras são constituídas por 92% de água, 4,5% de hidratos de carbono, 2,6% de proteínas e 0,5% de gorduras e são utilizadas na fitorremediação (para remover metais pesados, como o chumbo, do solo em locais de resíduos perigosos, uma vez que têm uma maior tolerância a estas substâncias e armazenam os metais pesados nas suas células).

Os brassinosteróides nas plantas foram descobertos pelo reconhecimento da promoção do crescimento por extractos de pólen. Mitchell *et al.* (1970) examinaram pólenes de cerca de sessenta espécies e cerca de metade deles provocaram o crescimento de plântulas de feijão. As substâncias promotoras de crescimento foram designadas por "brassinas" provenientes de várias fontes de pólen. O promotor de crescimento vegetal biologicamente ativo foi designado por "brassinolida" e verificou-se que era uma lactona esteroide com uma fórmula empírica de C28H48O6 (MW = 480).

Os brassinosteróides (BRs), uma nova sexta classe de reguladores do crescimento das plantas, são as lactonas esteróides e os derivados hidroxilados do colestano. Os brassinosteróides podem ser classificados como compostos C-27, C-28 e C-29, consoante o padrão de substituição alquílica da cadeia lateral. Desde o isolamento do primeiro brassinosteróide, o brassinolídeo (Bl), do pólen de *Brassica napus* L. (Grove *et al.,* 1979), foram isolados mais de 70 esteróides estrutural e funcionalmente relacionados a partir de recursos naturais. Entre estes, três brassinosteróides - Brassinolide, 24-Epibrassinolide e 28- Homobrassinolide - foram considerados os mais potentes. Os BRs desempenham um papel importante em plantas e animais. Verificou-se também que os brassinosteróides afectam o crescimento e o desenvolvimento de nemátodos. Assim, o presente estudo foi realizado para investigar o papel da 28-homobrassinolida na morfologia e na atividade da polifenol oxidase da planta hospedeira, *Brassica juncea,* durante a infeção pelo nemátodo do nó da raiz *(Meloidogyne incognita).*

2. REVISÃO DA LITERATURA

Nos anos anteriores, foram efectuados menos estudos sobre as alterações morfológicas e bioquímicas das plantas durante a infeção por nemátodos. Alguns dos trabalhos realizados pelos investigadores neste domínio são os seguintes

MORFOLOGIA : Raiz, rebento e galha

Em 1976, Mjuge e Vilgierchio realizaram estudos sobre a influência de promotores e inibidores de crescimento em plantas de tomateiro infectadas com *Meloidogyne incognita* e *Meloidogyne hapla.* As plântulas de tomateiro inoculadas com 400 larvas de *M. incognita* ou *M. hapla* foram encharcadas ou pulverizadas com substâncias biologicamente activas. No caso de plântulas infestadas com *M. incognita*, a pulverização com ácido indol acético (IAA) permitiu um crescimento normal da parte superior, ao mesmo tempo que aumentou três vezes a massa radicular e cinco vezes o número de galhas. Com plântulas inoculadas com *M. hapla*, a aplicação do IAA resultou numa massa radicular e num número de galhas normais, mas reduziu drasticamente o crescimento do topo. As aplicações de ácido salicílico (SA) reduziram significativamente a massa do topo e das raízes de todas as plântulas e o número de galhas das inoculadas.

Estudos efectuados por Nandi *et al.* 2000 revelaram que o ácido salicílico reduziu a infestação de feijão-frade *por M. incognita.* Foi revelado que o SA produziu um aumento do crescimento da planta em termos de comprimento do rebento e comprimento da raiz em comparação com as plantas inoculadas não tratadas. Além disso, o número de galhas radiculares e a população de nemátodos nas raízes foram significativamente reduzidos nas plantas tratadas com SA, em comparação com as inoculadas e não tratadas. Os nódulos radiculares e o teor de proteínas radiculares foram significativamente reduzidos em plantas inoculadas não tratadas em comparação com as não inoculadas. Assim, concluiu-se que o tratamento com SA no feijão-frade induziu um aumento significativo da resistência à infeção pelo nemátodo do nó da raiz em termos de redução da galha radicular e aumento da biomassa.

Nandi *et al.* (2002) efectuaram estudos sobre o aumento da resistência ao ácido salicílico no feijão-frade contra *M. incognita*. No estudo, SA 10mM foi pulverizado em folhas de feijão-frade inoculadas com 1400± 100 *M. incognita* J^2 recém-eclodido. Aos 45 DAI, foram registados o comprimento do rebento, o peso do rebento, o comprimento da raiz, o peso da raiz, o número de nódulos da raiz, o número de galhas da raiz e o número de ovos/g de raiz. Os resultados demonstraram que o SA aumentou o crescimento das plantas inoculadas em termos de comprimento dos rebentos, peso dos rebentos e comprimento das raízes, em comparação com as plantas inoculadas não pulverizadas. Mesmo o número de galhas radiculares e o número de ovos nas raízes foram significativamente maiores em plantas inoculadas não tratadas do que em plantas inoculadas tratadas. Assim, parece que a pulverização com SA não teve qualquer influência direta no crescimento da planta, mas melhorou o crescimento nas plantas pulverizadas como resultado da redução da doença dos nós radiculares.

Estudos sobre o papel do ácido salicílico na resistência sistemática do tomateiro aos nemátodos foram efectuados por Vasyukova *et al.* (2003). As plantas de tomate Karlson F1-híbrido (suscetível) e Solvejg (resistente) foram cultivadas e infestadas com *M. incognita.* Antes da sementeira no solo, as sementes do híbrido Karlson F1 foram tratadas com soluções aquosas contendo quitosano solúvel em água de baixo peso molecular (100gg/ml), preparação de agrokhit (100gg/ml) e misturas de SA (10^{-8}M) com quitosano e agrokhit. Os resultados mostraram que o tratamento das sementes de tomate antes da sementeira com as preparações testadas resultou na indução de resistência sistémica aos nemátodos. Isto foi evidenciado pela diminuição do tamanho dos nós radiculares, do tamanho das fêmeas de nemátodos e do número de ovos por ooteca, em comparação com estes parâmetros na variante de controlo. A taxa de desenvolvimento do nemátodo do nó da raiz neste caso foi 1,5-2 vezes inferior à do controlo.

Os estudos foram alargados relativamente à supressão induzida pelo ácido salicílico da infestação de *M. incognita* no quiabeiro e no feijão-frade (Nandi *et al.,* 2003). Aqui, SA aplicado a 10mM em pulverização foliar ao quiabo *(Abelmoschus esculentus)* cv. Purbani Kranti e feijão-frade *(Vigna unguiculata)* cv. Pusa Ruby 24 horas antes da inoculação das raízes com juvenis *de M. incognita*, reduziu a infestação. Aos 15, 30, 38 e 45 DAI, foram registados o comprimento do rebento, o peso do rebento, o comprimento da raiz mais comprida, o peso da raiz, o número de galhas na raiz e o número de ovos/g de raiz. Além disso, foram registados o número de nódulos radiculares e de juvenis/g de raiz de feijão-frade. Os resultados mostraram que a SA aumentou o comprimento do rebento, o peso do rebento e o comprimento da raiz das plantas inoculadas em comparação com as plantas inoculadas não pulverizadas. A pulverização com SA não teve qualquer efeito no crescimento de plantas não inoculadas com nemátodos. Havia menos galhas e ovos nas raízes das plantas tratadas com SA do que nas plantas não pulverizadas. A massa da raiz foi maior nas plantas inoculadas não tratadas em comparação com as plantas não inoculadas, mas a massa da raiz das plantas inoculadas não foi afetada pelo SA.

Estudos sobre a avaliação do ácido salicílico como indutor de resistência sistemática contra *M. incognita* em tomate cv. Co3 foram efectuados por Jaya Kumar *et al.* (2006). No estudo, cada plântula foi inoculada com J^2 de *M. incognita* recém-eclodidos (2J2/g de solo). Os vários tratamentos de SA utilizados foram 50, 100, 200 ppm. Aos 90 DAI, foram feitas observações sobre a altura da planta, comprimento da raiz, peso do rebento, peso da raiz, número de galhas por planta e número de massas de ovos/planta, população de nemátodos por 200gm de solo. Os resultados demonstraram que a imersão das raízes e a aplicação foliar de ácido salicílico no tomate cv. Co3 @ 50, 100 e 200 ppm afectaram o desenvolvimento do nemátodo do nó da raiz, *M. incognita* e aumentaram significativamente a altura da planta (82,6cm), o comprimento da raiz (16cm), o peso do rebento (95,8g) e o peso da raiz (13,5g) aos 90 dias após o transplante. Entre os diferentes métodos de aplicação do tratamento SA, a maior redução no número de galhas/planta, número de massas de ovos/planta e população de nemátodos do solo foi obtida com duas pulverizações foliares de 200ppm SA, em comparação com o controlo não tratado.

Em 2007, Ohri *et al.* realizaram um estudo sobre a resposta morfogenética e bioquímica de *Meloidogyne incognita* a brassinosteróides isolados. As massas de ovos e J^2 de *M. incognita* foram expostas in vitro a seis concentrações que variavam de 10^{-10}

a 10^{-5}M de brassinosteróides isolados (BRs) durante 7 dias e 48 horas, respetivamente. As observações revelaram uma maior percentagem de eclosão nas massas de ovos tratadas, em comparação com o controlo, enquanto não se verificou qualquer efeito no vigor dos juvenis. Os juvenis eclodidos das massas de ovos tratadas e os juvenis tratados foram posteriormente deixados a desenvolver-se nas plantas durante 45 dias. Os juvenis tratados com BRs resultaram em galhas de maior tamanho em comparação com os não tratados. O sistema radicular estava muito pouco desenvolvido em todas as plantas tratadas. O comprimento das raízes das plantas tratadas foi significativamente inferior ao do controlo. Mas o comprimento dos rebentos foi maior em concentrações mais baixas ou mais curto em concentrações mais altas, quando comparado com o controlo.

Assim, deduziu-se que a redução do crescimento das plantas foi uma consequência direta do aumento da infeção por nemátodos sob a influência das BRs.

BIOQUÍMICA: Atividade da polifenol oxidase (PPO)

Hung e Rohde (1973) efectuaram um estudo sobre a acumulação de fenol relacionada com a resistência do tomateiro à infeção pelo nemátodo das galhas, *M. incognita acrita* e pelo nemátodo das lesões, *Pratylenchus penetrans.* A relação parasita-hospedeiro para o número de galhas, bem como a atividade da polifenol oxidase (PPO) foi comparada em três cultivares de tomate estreitamente relacionadas; 'Nemared' (resistente aos nemátodos das galhas radiculares), 'Hawaii 7153' (moderadamente resistente) e 'B-5' (suscetível). Os dados obtidos revelaram que a atividade da polipenol oxidase nas raízes de B-5 aumentou cerca de 50% em 6 dias após a infeção com *P. penetrans.* Mudanças semelhantes ocorreram noutras cultivares. As plantas infectadas com *M. incognita acrita* não mostraram diferenças varietais na atividade ou níveis de polifenol oxidase. Apareceram galhas nas raízes do tomate suscetível, B-5. Não se formaram galhas no resistente próximo e nas raízes do moderadamente resistente, Hawaii 7153, formaram-se tanto lesões necróticas como galhas.

Estudos sobre o efeito da infeção por *M. incognita* nas actividades da peroxidase e da polifenol oxidase nas raízes de culturas hortícolas selecionadas foram observados por Ahuja e Ahuja (1980). Quatro produtos hortícolas, nomeadamente tomate, quiabo, brinjal e cabaça de garrafa, foram inoculados com juvenis de *M. incognita.* As actividades da peroxidase e do polifenol nos extractos de raízes de plantas saudáveis e infestadas foram determinadas utilizando pirogalol e catecol como substrato, respetivamente. As raízes de plantas de quiabo e cabaça infestadas com nemátodos apresentaram escurecimento e actividades mais elevadas de peroxidase e polifenol oxidase. A atividade da peroxidase nas raízes de plantas de brinjal saudáveis e infestadas era elevada, mas a atividade da polifenoloxidase estava presente apenas nas infestadas. As raízes de tomate saudável e infestado não tinham atividade polifenoloxidase, o que indica que, nas plantas de tomate, a polifenoloxidase pode não ser importante para afetar a reação dos tecidos à infeção. As raízes infectadas de quiabo, brinjal e cabaça de garrafa mostraram níveis relativamente crescentes de atividade polifenoloxidase.

Zacheo *et al.* (1987) efectuaram um estudo sobre as alterações metabólicas nos níveis enzimáticos em raízes de batata infestadas por nemátodos de quisto da batata, *Globodera pallida* (Pa3) e *Globodera rostochiensis* (Ro1). Dois modelos, cvs. Avanti (suscetível) e Agria (resistente a Ro1) e foi revelado que a atividade da polifenol oxidase microssomal diminuiu em ambas as cultivares de batata quando expostas à infestação pelo patótipo Pa3, enquanto não foram observadas alterações na atividade na fração solúvel, enquanto nas raízes de batata infestadas pelo patótipo Ro1 ocorreu um ligeiro aumento na atividade da PPO tanto nas cultivares susceptíveis como nas resistentes.

Estudos sobre o efeito da temperatura na resistência e alterações bioquímicas em tomateiro inoculado com *M. incognita* também foram investigados (Zacheo *et al.*, 1988). A resistência das plântulas de tomate (V F N 8) a *M. incognita* foi medida a 27°C e 34°C, registando a penetração juvenil, o número de necroses do hospedeiro e as galhas. Os dados revelaram que as plântulas de tomate eram resistentes aos juvenis *de M. incognita* quando mantidas a 27°C e as plantas mantidas a 34°C desenvolveram galhas. A atividade das enzimas (ácido ascórbico oxidase, peroxidase, polifenol oxidase, superoxidase dismutase e catalase) foi medida no extrato de tecidos de raízes de tomateiro saudáveis e infestadas, cultivadas às temperaturas. Verificou-se que a atividade destas enzimas mudou significativamente nas raízes inoculadas a 34°C do que a 27°C, mas a atividade da polifenol oxidase nas raízes inoculadas tendeu a ser mais baixa a 34°C do que a 27°C.

A atividade de duas enzimas oxidoredutases (malato desidrogenase e glucose 6-fosfato desidrogenase) e a enzima polifenol oxidase foram estudadas em feijão-frade cv. Pusa Do Fasli a intervalos de 7 e 14 dias, após inoculação pelo nemátodo *M. incognita* racel (Raman *et al.,* 1992). A atividade destas enzimas aumentou quando comparada com os respectivos controlos após a inoculação com o nemátodo em ambos os intervalos. Foi observado um aumento da relação inoculado/saudável (I/H) de 1,06 e 1,27 da atividade da PPO em relação ao controlo nas raízes das plantas 7 e 14 dias após a inoculação. Foram observadas tendências semelhantes no que diz respeito à atividade da PPO nos rebentos.

O efeito da inoculação individual e concomitante de *M. incognita, Pratylenchulus reniformis* e *Rhizoctonia solani* em brinjal foi examinado por Kumar *et al.* (1997). No estudo, foi revelado que os caracteres da planta como altura, peso fresco e seco dos rebentos e raízes foram significativamente afectados quando *M. incognita, R. reniformis* e *R. solani* foram inoculados sozinhos ou em combinação. A altura da planta, o peso fresco e seco dos rebentos e das raízes foram reduzidos nas plantas que receberam todos os três nemátodos do que o único nemátodo, em comparação com o controlo. A taxa de multiplicação de *M. incognita* e *R. reniformis* foi significativamente maior quando inoculados isoladamente.

Em 2001, Patel *et al.* efectuaram um estudo sobre as alterações bioquímicas induzidas pela infeção de *Meloidogyne* spp. no grão-de-bico. No estudo, foi efectuada uma experiência em vaso para determinar as alterações bioquímicas induzidas pelos nemátodos das galhas *M. incognita, M. javanica* patotipo 1 e *M. javanica* patotipo 2 no grão-de-bico. Foram efectuadas estimativas da peroxidase, polifenol oxidase, fenol total e teor de clorofila. Verificou-se que a atividade da polifenol oxidase aumentou devido à infeção por nemátodos. Além disso, os dados gerais indicaram que *M. incognita* causou mais alterações no conteúdo bioquímico, seguido por *M. javanica* patotipo 2 e patotipo 1.

Em 2004, Swain *et al.* investigaram as respostas bioquímicas específicas da raça em diferentes hospedeiros contra o nemátodo dos nós radiculares, *M. incognita*. No estudo, foram efectuadas investigações sobre o desenvolvimento sequencial de fenilalanina amoníaco liase (PAL), polifenol oxidase (PPO), fenol e polímeros semelhantes à lenhina em plantas hospedeiras diferenciadas (algodão cv. Deltapine-16 e tabaco cv. NC-95) juntamente com hospedeiros susceptíveis (algodão cv. H-777 e tabaco cv. FCV special) após inoculação com diferentes raças hospedeiras de *M. incognita*. Os resultados obtidos sugerem que, no caso do algodão cv. H-777 e do tabaco cv. FCV special, não foram observadas diferenças visíveis entre as raças *de M. incognita* na indução de actividades de PPO antes dos 4 DAI e só foi pronunciada após os 7 DAI, enquanto que nas interações incompatíveis Deltapine-16 e raças inoculadas, a atividade máxima de PPO ocorreu no caso da raça I. Em geral, foi registado um nível mais elevado de atividade de PPO entre 4-7 dias em interações incompatíveis e 7-14 dias em interações de cultivares de raças compatíveis.

Em 2006, Wutys *et al.* realizaram um estudo sobre a atividade da fenilalanina amónia-liase peroxidase e polifenol oxidase em raízes de bananeira *(Musa acuminate AAA,* cvs. Grande Naine e Yangambi Km 5) antes e depois da infeção com *Radopholus similis*. No estudo, a atividade de três enzimas PAL, PPO e PO foi analisada em raízes de bananeira antes e 1, 3 e 7 dias após a inoculação com o nematoide escavador *R. similis* e em comparação com raízes feridas mecanicamente. Foram estudadas as cultivares Grande Naine (suscetível) e Yangambi Km 5 (resistente). Os resultados obtidos demonstraram que a atividade constitutiva da PPO foi menor na cultivar resistente do que na cultivar suscetível. Além disso, não foram observadas diferenças significativas na atividade da PPO entre tratamentos para nenhuma das cultivares, exceto aos 7 dias nas raízes da cultivar resistente inoculadas com *R. similis*. Assim, concluiu-se que os níveis de PPO na cultivar resistente aumentaram para os da cultivar suscetível como resposta ao stress geral nas plantas durante a experiência.

O papel da enzima polifenol oxidase (PPO) na resposta de duas variedades de soja, Hartwing (resistente) e Cristalina (suscetível), a *M. javanica* foi estudado em plantas cujas raízes foram expostas ao conhecido indutor de PPO, metiljasmonato. Verificou-se que o tratamento de ambas as variedades com soluções de metiljasmonato a 100 e 400 LIM induziu um aumento semelhante na atividade enzimática 72 horas após o tratamento. A inoculação de raízes com juvenis de segundo estágio (J^2) induziu o aumento da PPO na cv. Cristalina mas não na cv. Hartwig. Além disso, o tratamento combinado de metiljasmonato e inoculação de J^2 aumentou a atividade da PPO em ambas as variedades. As plantas tratadas com metiljasmonato e infectadas com J^2 mostraram uma diminuição acentuada da população de nemátodos 35 dias após a inoculação. Assim, estes resultados sugerem que o metiljasmonato desencadeou a resposta de resistência nas raízes de soja a *M. javanica*, mas a PPO não esteve envolvida no processo de resistência (Shimizu e Massafera, 2007).

3. MATERIAIS E MÉTODOS

Meloidogyne incognita

O animal experimental para o presente estudo inclui o nemátodo do nó da raiz (NGR), *Meloidogyne incognita* (Kofoid e White, 1919) Chitwood, 1949.

CLASSIFICAÇÃO

Filo : Nematoda

Classe : Secernentea

Subclasse : Diplogasteria

Encomenda : Tylenchida

Subordinação : Tilenquina

Superfamília: Tylenchoidea

Família : Heteroderídeos

Subfamília : Meloidogininae

Género : *Meloidogyne*

Espécies : *incógnita*

ANFITRIÕES E DISTRIBUIÇÃO

M. incognita é uma das espécies mais omnipresentes do género. Ocorre numa área geográfica mais vasta do que qualquer outra espécie. É capaz de parasitar mais de 750 espécies e variedades de plantas. A maioria da população encontra-se num intervalo de temperatura anual de 24-30°C.

CICLO DE VIDA

M. incognita é um endoparasita sedentário, partenogenético e apresenta dimorfismo sexual. O desenvolvimento embrionário resulta no juvenil de primeiro estádio (J^1), muda uma vez no ovo e eclode como juvenil de segundo estádio (J^2). Este juvenil vermiforme móvel, 12

A fase infecciosa migra através do solo e entra na raiz de uma planta hospedeira adequada, onde estabelece uma complexa relação hospedeiro-parasita. O J^2 torna-se sedentário e, à medida que se alimenta de células de enfermagem especiais, sofre mais alterações morfológicas. Torna-se em forma de frasco e muda três vezes sem se alimentar para formar o juvenil de terceiro estádio (J^3), o juvenil de quarto estádio (J^4) e, finalmente, torna-se adulto. A fêmea adulta sacata retoma a alimentação e desenvolve o sistema reprodutor, que se transforma em gónadas funcionais (Triantaphyllou e Hirschmann, 1960). O macho juvenil sacata transforma-se em macho adulto vermiforme durante a quarta fase juvenil. O macho adulto não se alimenta. Abandona a raiz, permanece no solo e acaba por morrer. As primeiras fêmeas que põem ovos de *M. incognita* são encontradas 19-21 dias após a penetração (Triantaphyllou e Hirschmann, 1960). O tempo de vida das fêmeas produtoras de ovos é de 2 a 3 meses, mas o dos machos é mais curto. Todo o ciclo de vida se completa em 20-25 dias a uma temperatura óptima de 27°C.

MANUTENÇÃO DA CULTURA DE NEMÁTODOS

As raízes de plantas fortemente infectadas (tomate e brinjal) foram recolhidas no Campus da Universidade Guru Nanak Dev, em Amritsar. Estas foram trazidas para o laboratório em sacos de plástico. As colecções foram utilizadas para identificar as populações de *Meloidogyne* e para manter as culturas para experiências. A cultura de nemátodos foi mantida na estufa através de estacas de raízes infectadas, massas de ovos e juvenis de segunda fase (J^2).

BRASSINOSTERÓIDE

Brassinosteróide utilizado no presente trabalho: 28-Homobrassinolide (HBl) [(22R, 23R, 24S) - 2a, 3a, 22, 23 - tetrahydroxy - 24 - etylo - B - homo - 7 - oxa - 5x - cholestan - 6 - one] adquirido da Sigma - Aldrich, Nova Deli.

A solução de reserva foi preparada em metanol (10^{-4}M), que foi posteriormente diluída com água bidestilada para obter as várias concentrações *viz.,* HI M, 10-9M e 107M

***Brassica juncea* cv. PBR 91.**

A planta hospedeira selecionada para o presente estudo foi a *Brassica juncea* cv. PBR91, que pertence à família Brassicaceae.

EXPERIMENTAÇÃO

O presente estudo foi concebido para avaliar o efeito do brassinosteróide em *Brassica juncea* durante a infeção pelo nemátodo das galhas. As sementes de *B. juncea* foram esterilizadas com hipoclorito de sódio a 1% durante 2 minutos, seguido de lavagem com água destilada dupla 3-4 vezes. As sementes foram ainda esterilizadas com $HgCl_2$ a 0,01% durante 1 minuto, seguido de lavagem com água destilada dupla. As sementes esterilizadas foram então mergulhadas em 3 ml de diferentes concentrações (10^{-11}M, 10^{-9}M, 10^{-7}M) de 28-homobrassinolida (HBl) durante 4 horas. As sementes mergulhadas em água destilada serviram de controlo. As sementes tratadas e não tratadas foram então germinadas em vasos de terra de duas polegadas cheios de solo autoclavado. Foram germinadas dez sementes esterilizadas por vaso. As sementes foram deixadas a crescer durante duas semanas. Cada planta foi inoculada com 100 J_2s. As plantas não tratadas e não inoculadas serviram como controlo 1, enquanto as plantas inoculadas não tratadas serviram como controlo 2. Três réplicas de cada concentração e controlos foram colocadas em BOD a 27±1°C. A experiência foi terminada 15 dias após a inoculação e os estudos posteriores, *ou seja,* os estudos morfológicos e bioquímicos, foram efectuados separadamente nos rebentos e nas raízes.

ESTUDOS MORFOLÓGICOS

A variação causada nos parâmetros morfológicos, *nomeadamente* o comprimento da raiz, o peso da raiz, o comprimento do rebento, o peso do rebento e as galhas em *B. juncea* tratada com HBL e inoculada com nemátodos, foi investigada 15 dias após a inoculação (DAI), tanto nas raízes como nos rebentos.

ESTUDOS BIOQUÍMICOS

A variação causada na atividade da polifenol oxidase em *B. juncea* tratada com HBL, seguida de inoculação de nemátodos, foi investigada 15 dias após a inoculação (DAI), tanto nas raízes como nos rebentos.

PREPARAÇÃO DO HOMOGENATO

Para a preparação do homogenato, as plantas foram retiradas, lavadas cuidadosamente em água corrente da torneira e as raízes e os rebentos foram cortados e pesados separadamente. Em seguida, um grama de cada uma foi homogeneizado num pilão e almofariz previamente arrefecidos, utilizando 3 ml de tampão fosfato 0,1M (pH 7). O homogenato foi recolhido em tubos de centrifugação de 1,5 ml e depois centrifugado a 10.000 rpm durante 25 minutos a 4°C. O sobrenadante assim recolhido foi utilizado para as estimativas enzimáticas, enquanto o sedimento foi eliminado.

POLIFENOL OXIDASE

A atividade enzimática foi estimada de acordo com o método indicado por Kumar e Khan (1982).

PRINCÍPIO

A enzima polifenol oxidase catalisa a O-hidroxilação do monofenol (catecol) em 0-difenóis e catalisa ainda a oxidação dos 0-difenóis para produzir 0-quinonas (benzoquinonas). A absorvância da benzoquinona formada foi lida a 495 nm.

REAGENTES

Tampão de fosfato de potássio (PPB) - 0.1M

Catecol - 0.1M

Ácido sulfúrico - 2.5N

PROCEDIMENTO

2,25 ml de mistura de reação continham 1m de PPB, 0,5ml de catecol, 0,25ml de amostra de enzima e depois a reação foi mantida durante dois minutos a 25°C. A reação foi completada com a adição de 0,5 ml de 2,5NH_2SO_4. A absorvância foi lida a 495 nm durante um total de minutos, com um intervalo de 10 segundos.

CÁLCULOS

Uma unidade de atividade enzimática é definida como a quantidade de enzima necessária para oxidar 1 LIM de catecol. A atividade da PPO é expressa em U mg^{-1} de proteína (U = alteração da absorvância min^{-1} mg^{-1} de proteína). A atividade enzimática foi calculada a partir da equação a seguir apresentada:

Unidades de atividade enzimática/min/g de tecido

$$= \frac{\text{Change in absorbance / min} \times \text{total volume}}{\text{extinction Coefficient} \times \text{volume of sample taken}}$$

Coeficiente de extinção = 2,9 $mM^{-1}cm^{-1}$

ANÁLISE ESTATÍSTICA

Para avaliar a significância das diferenças na atividade das enzimas entre os tratamentos e o controlo, os parâmetros morfológicos sob a influência dos brassinosteróides durante a infeção por nemátodos, os dados foram submetidos a uma análise estatística. Foram utilizados os seguintes métodos estatísticos

STANDARD DEVIATION

$$S.D = \frac{\sqrt{\Sigma (X_i - \bar{X})}}{N}$$

STANDARD ERROR

$$S.E = S.D / \sqrt{N}$$

Onde,

S.D. - Desvio padrão

Xi - Leitura em diferentes réplicas

X - Valor médio

N - Número de leituras

ANÁLISE DE VARIÂNCIA (ANOVA)

Este teste foi realizado para determinar o grau de variação entre as observações devido à diferença de cada fator que influencia o carácter em estudo. Este valor foi calculado através da fórmula

$$F = \beta/S2$$

Onde β = média soma de quadrados do tratamento

S^2 = erro médio da soma dos quadrados

O valor F tabular foi obtido com o grau de liberdade (df) do tratamento e o erro df a um nível de significância de 1% ou 5%. Se o valor F calculado fosse superior ao valor F tabular a um nível de significância de 1% ou 5%, a diferença entre os tratamentos era considerada significativa.

DIFERENÇA MENOS SIGNIFICATIVA (LSD)

O cálculo do LSD ajuda a descobrir a diferença mínima de significância entre o valor médio do tratamento de diferentes concentrações e o controlo. Este teste foi aplicado se o valor F fosse significativo. Envolve os seguintes passos:

i) Foi calculada a diferença média entre dois tratamentos, *ou seja*, entre o controlo e cada uma das concentrações.

ii) O valor LSD foi calculado da seguinte forma

$$\text{LSD} = t\alpha\sqrt{\frac{2s^2}{r}}$$

Onde,

S^2 = erro médio da soma dos quadrados

t_a = valor de t com graus de liberdade de erro e um nível de significância.

r = número de replicações.

O valor da diferença média calculado na etapa I foi comparado com o valor LSD. Se a diferença média entre os tratamentos for superior ao valor LSD calculado, diz-se que os dois tratamentos são significativos a um nível de significância.

4. RESULTADOS

As variações causadas na morfologia e nos parâmetros bioquímicos nas plantas de *B. juncea* tratadas com HBL, seguidas de inoculação de nemátodos, foram investigadas aos 15 DAI, tanto nas raízes como nos rebentos. O efeito do HBl foi avaliado em três concentrações diferentes (10^{-11}, 10-9 e 10-7) e foi comparado com dois controlos, *ou seja,* o controlo I (não tratado, não inoculado) e o controlo II (não tratado, inoculado). Foram efectuadas três réplicas de cada tratamento. Foram registadas as alterações causadas no comprimento da raiz, no peso da raiz, no comprimento do rebento, no peso do rebento; a presença/ausência de galhas e as alterações na atividade da polifenol oxidase.

No caso da raiz, o comprimento da raiz mostrou um aumento nas plantas inoculadas e não tratadas (*ou seja*, controlo II) em comparação com as plantas não inoculadas e não tratadas (controlo 1). Enquanto nas plantas tratadas, foi observada uma diminuição global significativa ($F_{0\cdot01}$=6,03) no comprimento da raiz com o aumento da concentração quando comparado com o controlo II. Uma tendência semelhante foi observada no caso do peso da raiz. Nos controlos, o controlo II tinha um peso de raiz mais elevado do que o controlo I e houve uma diminuição do peso de raiz de todas as plantas tratadas em comparação com o controlo II. Há presença de galhas em duas concentrações viz. 10-^{11}, 10-9 e controlo II.

Nos rebentos, o comprimento do rebento apresentou uma tendência quase semelhante à do comprimento da raiz. Nos controlos, as plantas inoculadas com nemátodos (controlo II) tiveram um comprimento de rebento superior ao das plantas não inoculadas (controlo I). Nas plantas tratadas com HBl, foi observado um aumento global altamente significativo ($F_{0\cdot01}$=79,49) com o comprimento máximo do rebento registado em 10-9M (9,66cm). Enquanto que o peso do rebento mostrou uma tendência semelhante à do peso da raiz.

A atividade enzimática da PPO determinada a 15 DAI nas raízes mostrou uma diminuição nas plantas inoculadas com nemátodos, *ou seja,* no controlo II (0,13 gmF.W/min) quando comparado com o controlo I (0,99 gmF.W/min). Além disso, nas plantas tratadas com HBl, verificou-se que a PPO aumentou com o aumento da concentração. A atividade máxima de 0,72gmF.W/min foi encontrada na concentração mais elevada (10^{-7}M). Em contraste com isso, verificou-se que a atividade enzimática dos rebentos diminuiu nas plantas inoculadas e não tratadas (controlo II), bem como em todas as plantas tratadas quando comparadas com plantas não inoculadas e não tratadas (controlo I).

5. DISCUSSÃO

A presente investigação é uma tentativa de examinar a variação dos parâmetros morfológicos e da atividade da PPO causada pelo tratamento com HBl em plantas *de B. juncea* seguido de inoculação *com M. incognita*, tanto nas raízes como nos rebentos. No caso das raízes, o comprimento da raiz mostrou um aumento nas plantas inoculadas e não tratadas *(ou seja,* controlo II) em comparação com as plantas não inoculadas e não tratadas (controlo I). Nas plantas tratadas, foi observada uma diminuição global significativa do comprimento da raiz com o aumento da concentração, em comparação com o controlo II. Uma tendência semelhante foi observada no caso do peso da raiz. Nos rebentos, o controlo II apresentou um comprimento de rebento mais elevado em comparação com o controlo I. O peso dos rebentos apresentou uma tendência semelhante à do peso da raiz. As galhas estavam presentes em duas concentrações*, a saber,* 10-9 e 10^{-11} e no controlo II.

Em apoio a este estudo, Mjuge e Vilgierchio (1976) revelaram que, com plântulas infestadas com *M. incognita*, o banho de IAA permitiu um crescimento normal do topo, enquanto promoveu três vezes a massa da raiz e cinco vezes o número de galhas. Com plântulas inoculadas com *M. hapla*, o banho de IAA resultou em massa radicular e número de galhas normais, mas reduziu drasticamente o crescimento do topo. A aplicação de SA por aspersão reduziu significativamente o crescimento superior e a massa radicular de todas as plântulas e o número de galhas das inoculadas por Mjuge e Vilgierchio (1976). De forma semelhante, estudos efectuados por Nandi *et al.*, 2000, revelaram que o SA produziu um aumento do crescimento de plantas de feijão-frade inoculadas com *M. incognita* em termos de comprimento de rebentos e comprimento de raízes em comparação com as plantas inoculadas não tratadas. Além disso, Nandi *et al.* (2002), demonstraram que a SA aumentou o crescimento de plantas de feijão-frade inoculadas com *M. incognita* em termos de comprimento do rebento, peso do rebento, comprimento da raiz e peso da raiz em comparação com plantas inoculadas não pulverizadas. Mesmo o número de galhas radiculares e o número de ovos nas raízes foram significativamente maiores em plantas inoculadas não tratadas do que em plantas inoculadas tratadas.

A atividade enzimática da PPO determinada nas raízes mostrou uma diminuição no controlo II quando comparada com o controlo I. Além disso, nas plantas tratadas com HBL, verificou-se que a atividade da PPO aumentava com o aumento da concentração. Da mesma forma, os estudos efectuados por Zacheo *et al.* (1987) revelaram que a atividade da PPO diminuiu nas cultivares de batata *viz.*, CVS. Avanti (suscetível) e Agria (resistente) quando expostas à infestação pelo patótipo Pa3 *(Globodera pallida)*, enquanto não foram observadas alterações na atividade da PPO na fração solúvel, enquanto nas raízes de batata infestadas pelo patótipo Ro1 (*G. rostochiensis)* ocorreu um ligeiro aumento na atividade da PPO em ambas as cultivares susceptíveis.

Outro estudo relatado por Patel *et al.* (2001), mostrou que a atividade da PPO aumentou devido à infeção por nemátodos, mas a infestação de *M. incognita* no grão-de-bico causou mais alterações na PPO do que *M. javanica.* Além disso, Shimizu e Massafera (2007) investigaram que o tratamento combinado de metiljasmonato e *M. incognita* aumentou a atividade da PPO em duas variedades de soja, *nomeadamente* Hartwig (resistente) e Cristalina (suscetível).

6. RESUMO

Sementes esterilizadas de *B. juncea* cv. PBR 91 foram tratadas com diferentes concentrações, *a saber,* 10^{-11}M, 10^{-9}M e 10-7M de 28-homobrassinolida. As sementes foram deixadas germinar separadamente e as plântulas com 15 dias de idade foram então inoculadas com juvenis de segundo estágio de *M. incognita.* As sementes não tratadas e não inoculadas serviram como controlo I e as inoculadas não tratadas serviram como controlo II. Em seguida, foram observados os parâmetros morfológicos 15DAI, *nomeadamente* o comprimento da raiz, o peso da raiz, o comprimento do rebento, o peso do rebento, a presença de galhas e o parâmetro bioquímico, *ou seja,* a atividade da polifenol oxidase (PPO). Verificou-se que o tratamento HBl de *B. juncea* seguido da inoculação de *M. incognita* aumentou o comprimento do rebento e diminuiu o comprimento da raiz em comparação com plantas inoculadas mas não tratadas. Nas plantas tratadas e inoculadas, o peso da raiz diminui com o aumento da concentração, em comparação com o controlo II, e o peso do rebento aumenta com o aumento da concentração, em comparação com o controlo II. Relativamente à atividade da PPO, observou-se um aumento da atividade nas raízes das plantas tratadas em comparação com o controlo II. Mas, no caso do rebento, a atividade da PPO foi mais elevada no controlo I. A presença de galhas foi observada em duas concentrações, *ou seja,* 10^{11}M, 10^{-9}M, bem como em plantas inoculadas e não tratadas (controlo II). Assim, a partir de todas as observações feitas no presente estudo, é claro que o comprimento e o peso dos rebentos aumentaram nas plantas inoculadas e tratadas, em comparação com as plantas inoculadas e não tratadas, o que mostra que o HBl desempenha um papel na promoção do crescimento dos rebentos na planta hospedeira durante a infeção por nemátodos. O aumento da atividade da PPO nas plantas inoculadas e tratadas com HBl revela que a PPO desempenha um papel importante na resistência das plantas contra a infeção por nemátodos.

Com base nestes resultados, podemos dizer que o tratamento com HBl pode ser utilizado eficazmente na agricultura para obter um bom rendimento das culturas quando infectadas com nemátodos e é necessária mais investigação para conhecer o mecanismo adequado das alterações nas enzimas durante a infeção por nemátodos nas plantas, o que será útil para uma melhor compreensão das interações planta-parasita.

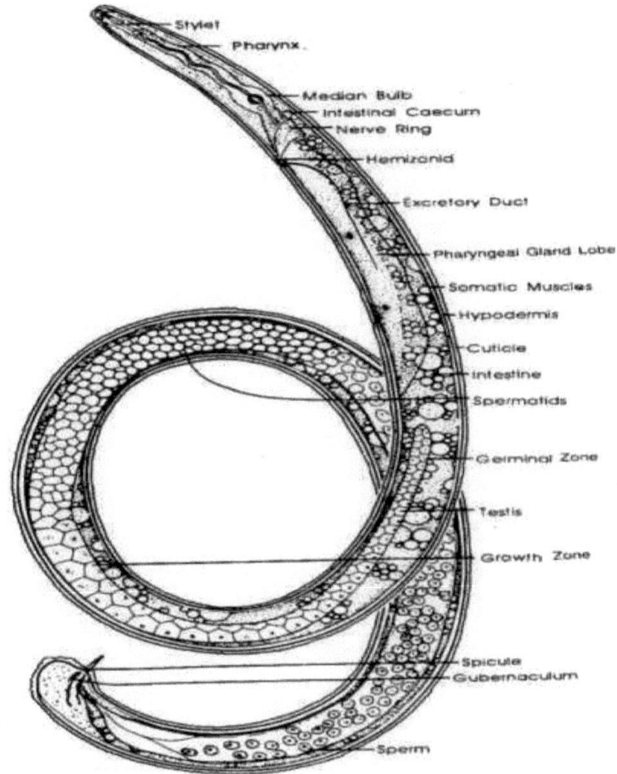

Fig.1: Macho de *M. incognita*

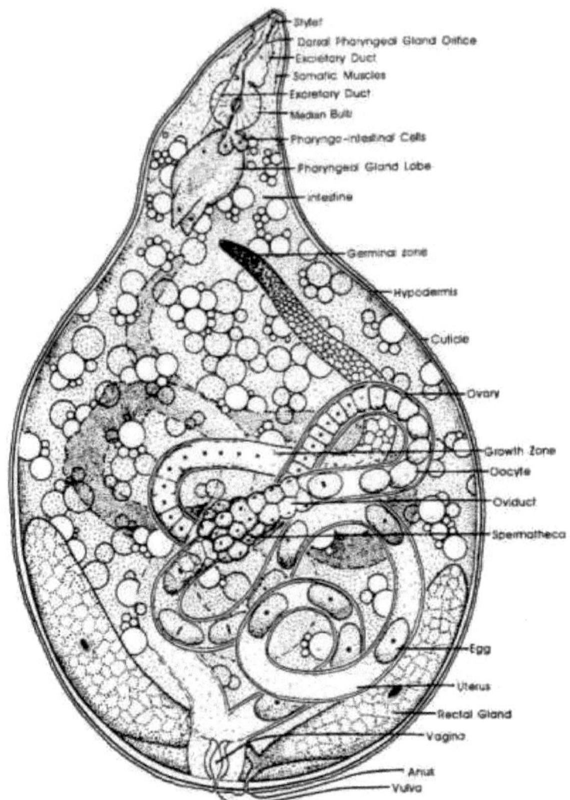

Fig.2:Fêmea de *M. incognita*

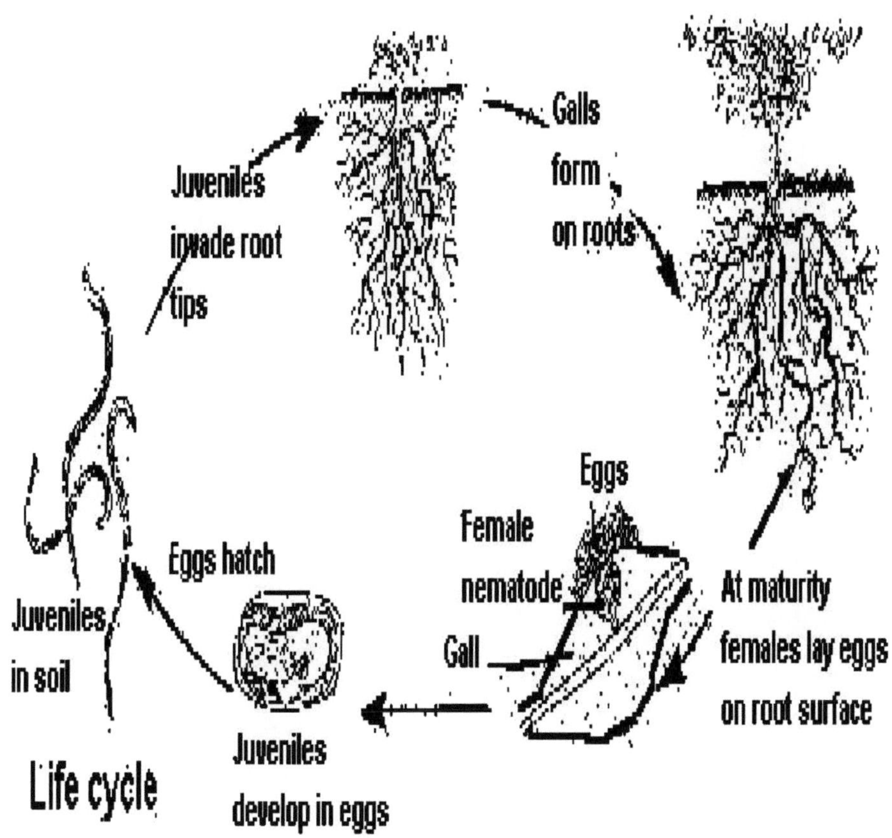

Fig.3: Ciclo de vida de *M. incognita*

Fig.4: Manutenção da cultura de nemátodos em estufa

Fig.5:*Sementes de B. juncea germinadas em BOD.*

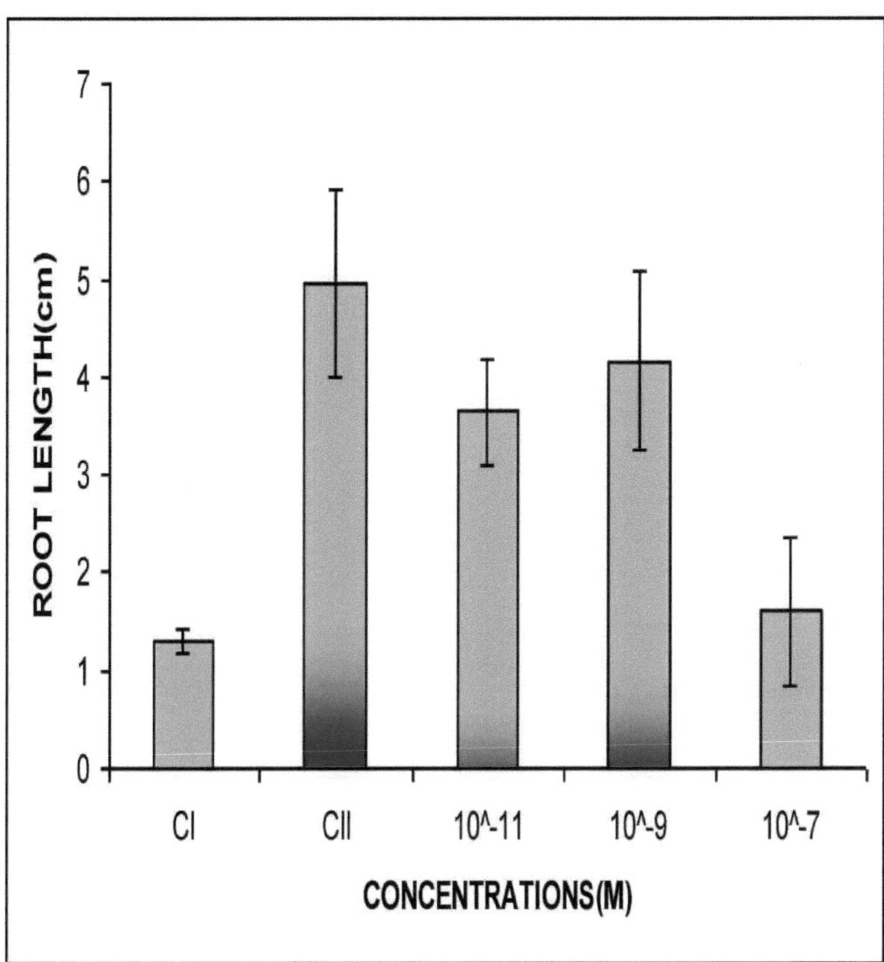

Fig.6: Efeito do HBL no comprimento da raiz em *B.juncea* durante a infeção por *M. incognita*

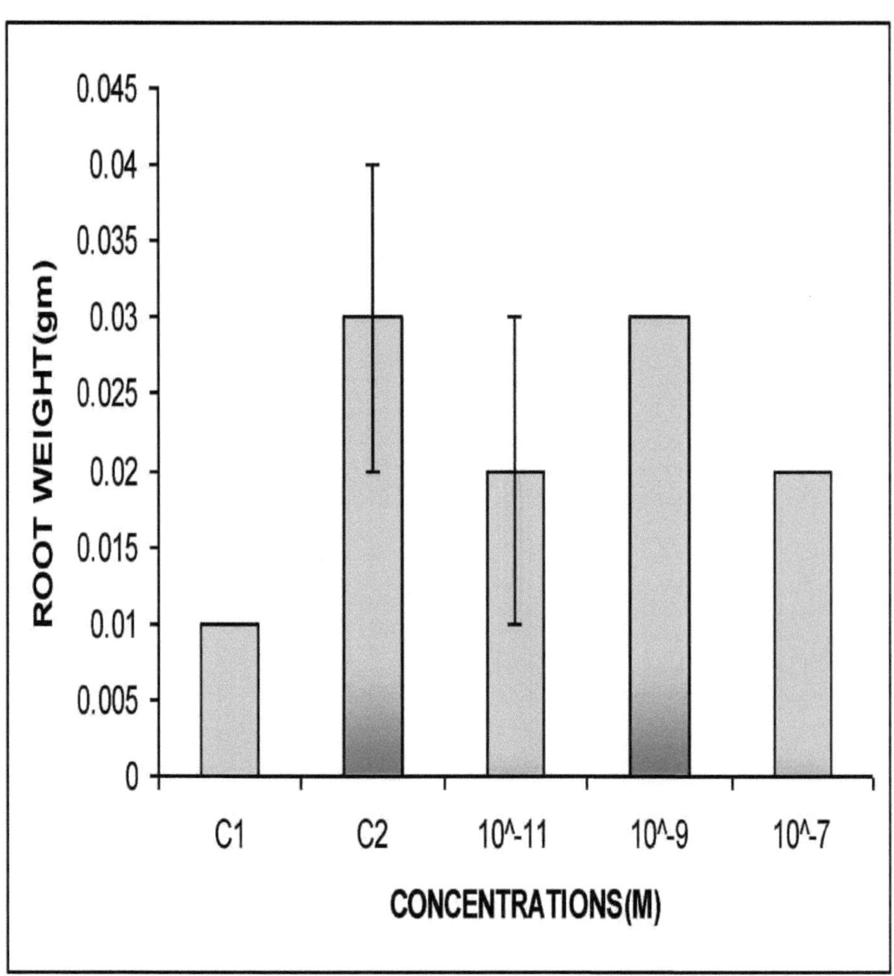

Fig.7: Efeito do HBL no peso da raiz em *B. juncea* durante a infeção por *M. incognita*

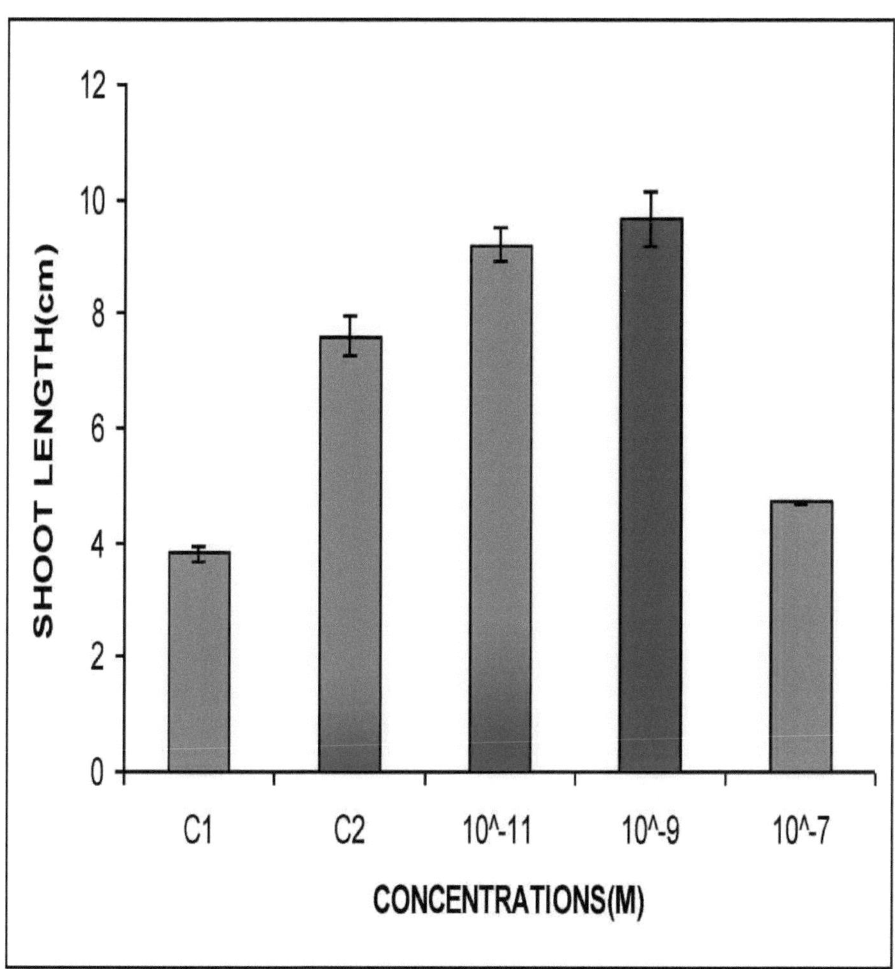

Fig.8: Efeito do HBL no comprimento dos rebentos em *B. juncea* durante a infeção por *M. incognita*

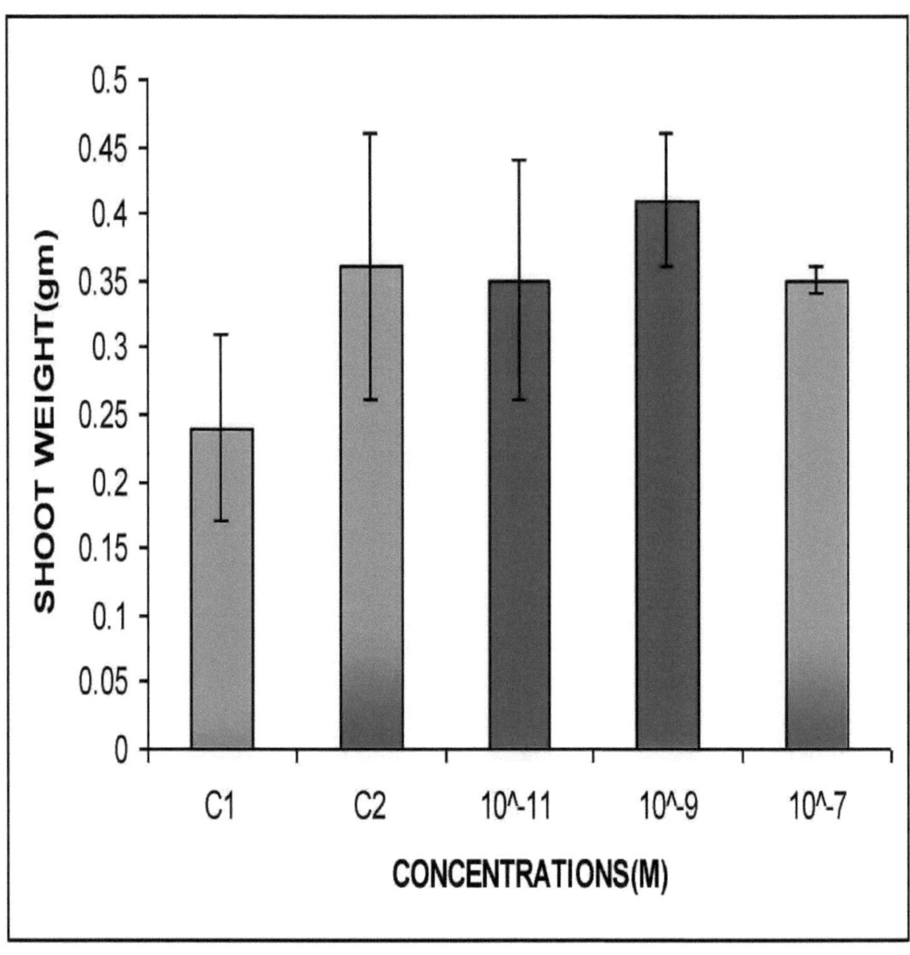

Fig.9: Efeito do HBL no peso dos rebentos em *B. juncea* durante a infeção por *M. incognita*

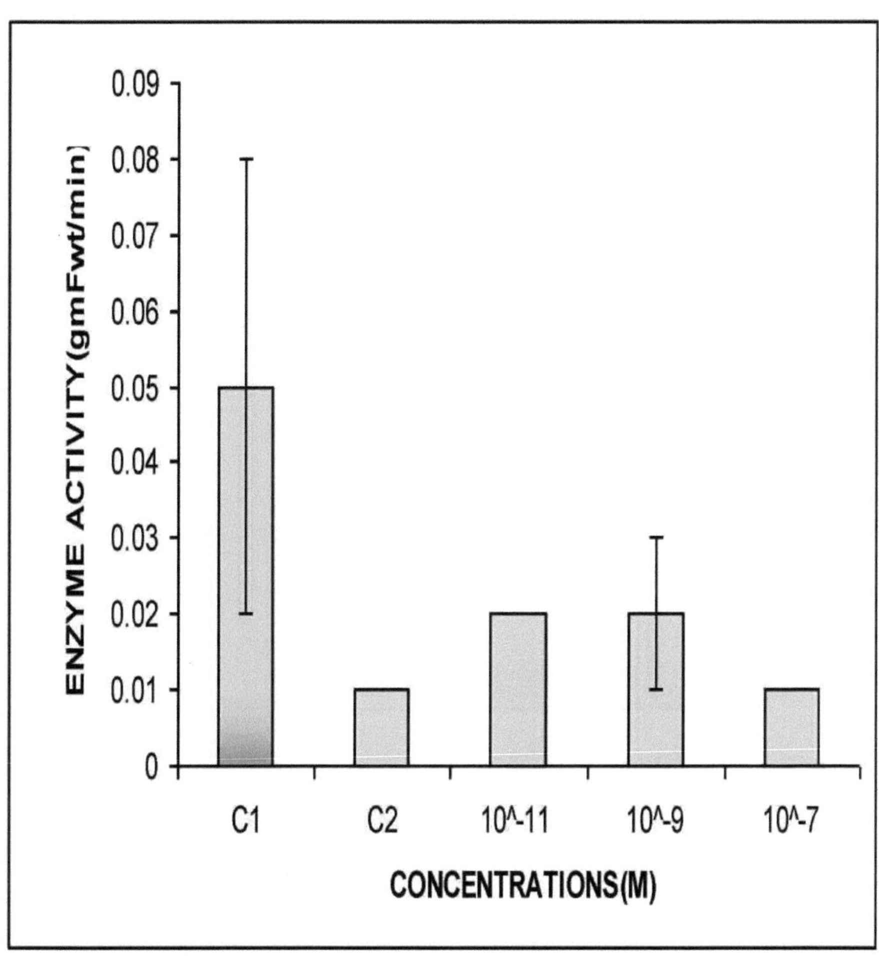

Fig.10: Efeito do HBL na atividade da PPO do rebento em *B. juncea* durante a infeção por *M. incognita*.

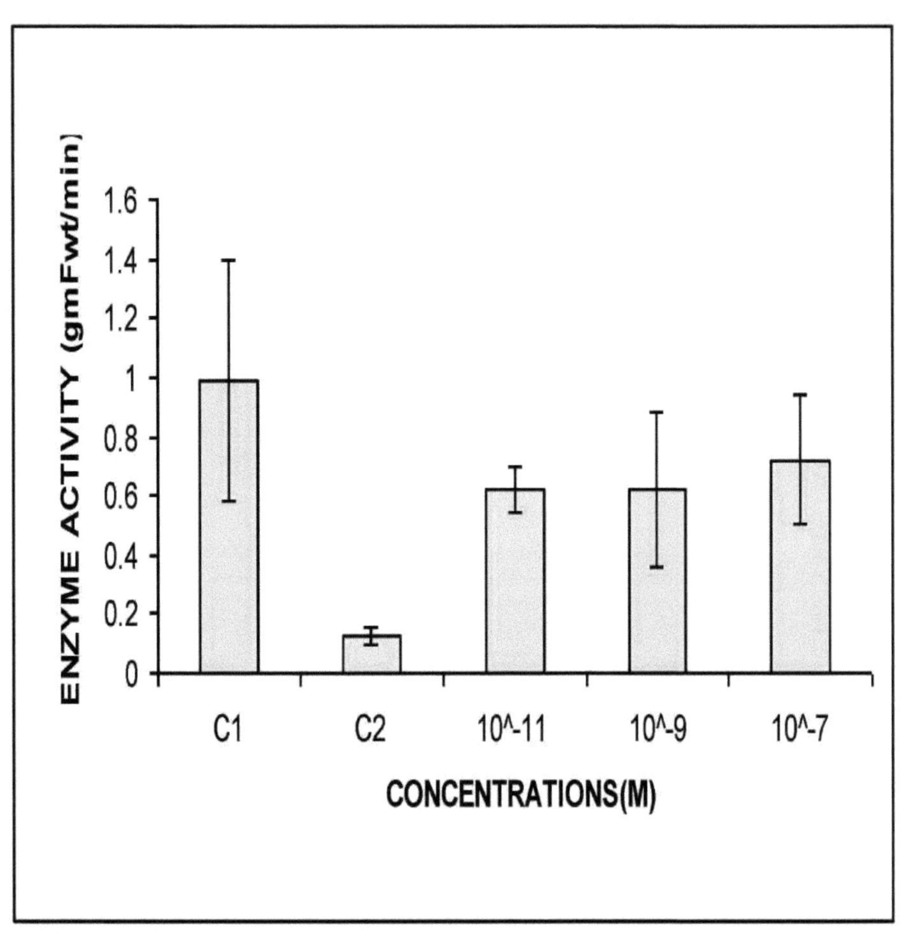

Fig.11 : Efeito da atividade da PPO da raiz HBL em *B. juncea* durante a infeção por *M. incognita*.

Tabela 1: Efeito do 28-Homobrassinolide nos parâmetros morfológicos de *B. juncea* durante a infeção por *M. incognita*

Control/Treated	Mean±S.E. (cm)				Galls Present/absent
	Root length (cm)	Root weight (gm)	Shoot length (cm)	Shoot weight (gm)	
CI Uninoculated, Untreated	1.30 ± 0.11	0.01 ± 0.00	3.80 ± 0.12	0.24 ± 0.08	Absent
CII Inoculated, Untreated	4.96 ± 0.95	0.03 ± 0.01	7.60 ± 0.35	0.36 ± 0.11	Present
10^{-11} M	3.65 ± 0.54	0.02 ± 0.01	9.20 ± 0.29	0.35 ± 0.10	Present
10^{-9} M	4.16 ± 0.92	0.03 ± 0.00	9.66 ± 0.47	0.41 ± 0.06	Present
10^{-7} M	1.6 ± 0.75	0.02 ± 0.00	4.70 ± 0.06	0.35 ± 0.01	Absent
F value	6.03^{**}	2.70^{ns}	79.49^{**}	0.62^{ns}	
$LSD_{0.05}$	2.62	-	1.15	-	
$LSD_{0.01}$	4.36	-	1.91	-	

Significativo a 5% ^{ns}= Não significativo

Quadro 2: Efeito da 28-Homobrassinolida na atividade da polifenol oxidase (gmFwt/min) de *B. juncea* durante a *infeção por M. incognita*

Control/Treated	Polyphenol oxidase activity (Mean±S.E.)	
	Shoots	Roots
CI Uninoculated, Untreated	0.05 ± 0.03	0.99 ± 0.41
CII Inoculated, Untreated	0.01 ± 0.00	0.13 ± 0.03
10^{-11} M	0.02 ± 0.00	0.62 ± 0.08
10^{-9} M	0.02 ± 0.01	0.62 ± 0.26
10^{-7} M	0.01 ± 0.00	0.72 ± 0.22
F value	1.48^{ns}	1.58^{ns}

^{ns}= não significativo

REFERÊNCIAS

Babu, R.S. e Vadivelu, S. (1990). Resposta varietal da cebola a três espécies de *Meloidogyne. Indian Journal of Nematology* **20**: 76-78.

Eisenback, J.D. e Triantaphyllou, H.H. (1991). Nemátodos das galhas: Espécies e raças *de Meloidogyne*. In: Manual of Agricultural Nematology (W. R. Nickle. ed.). Marcel Dekker, Nova Iorque. pp 281 - 286.

Gapasin, R.M. 1980. Reação da mandioca amarelo dourado à inoculação de *Meloidogyne* spp. *Anais da Pesquisa Tropical* **2**:49-53.

Gomez-Campo, C. (1980). Estudos sobre Cruciferae: VI. Distribuição geográfica e estado de conservação de Boleum Desv., Guiraoa Coss. e Euzomodendron Coss. Anales del Instituto Botanico Cavanilles **35**: 165-176.

Hung, C.L. e Rhode, R.A. (1973). Acumulação de fenol relacionada com a resistência do tomateiro à infeção por nemátodos das galhas e das lesões. *Indian Journal of Nematology* **5**: 253-258.

Jatala, P. e Bridge, J. (1990). Nemátodos parasitas de culturas de raízes e tubérculos. Em Plant parasitic nematodes in sub-tropical and tropical agriculture. (M. Luc, R.A. Sikora, e J. Bridge, eds.). Centre for Agriculture and Bioscience International Publishing, Wallingford, Reino Unido. Pp. 137-180.

Jayakumar, J., Rajendran, G. e Ramakrishan, S. (2006). Avaliação do ácido salicílico como indutor de resistência sistémica contra *Meloidogyne incognita* em tomate cv.Co3. *Indian Journal of Nematology* **36**: 77-80.

Kumar, S. e Vadivelu, S. (1997). Efeito da inoculação individual e concomitante de *M. incognita, Rotylenchulus remiformis* e *Rhizoctonia solani* em brinjal. *Indian Journal of Nematology* **27**:162-166.

Makumbi-kidza, N.N. e Speijer e Sikora, R.A. (2000). Effects of *Meloidogyne incognita* on Growth and Storage-Root Formation of Cassava (Manihot esculenta). *Journal of Nematology* **32**(4S): 475-477.

Mitchell, J.W., Mandava, N.B., Worley, J.F., Plimmer, J.R. e Smith, M.V. (1970). Brassins - uma nova família de hormonas vegetais do pólen de colza. *Nature* **225**: 1065 1066.

Mjuge, S.G. e Viglierchio, D.R. (1995). Influência de promotores e inibidores de crescimento em plantas de tomateiro infectadas com *Meloidogyne incognita* e *M. hapla*. *Nematologica* **21**: 476-477.

Nandi, B., Kundu, K., Banerjee, N. e Babu, S.P.S. (2003). Supressão induzida por ácido salicílico da infestação de *Meloidogyne incognita* em quiabo e feijão-frade. *Nematology* **5**: 747-752.

Nandi, B., Subul, C.N., Banerjee, N., Sengupta, S., Das, P. e Babu, S.P.S. (2002). O ácido salicílico aumentou a resistência do feijão-frade contra *Meloidogyne incogntia*. *Phytopathology Mediterranean* **41**: 39-44.

Nandi, B., Sukul, N.C. e Babu, S.P.S. (2000). Exogenous salicylic acid reduces *Meloidogyne incognita* infestation of tomato. *Allelopathy Journal* **7**: 285-288.

Nandi, B., Sukul, N.C., Banerjee, N. e Babu, S.P.S. (2000). O ácido salicílico reduz a infestação de *Meloidogyne incognita* no feijão-frade. *Actas da Sociedade Zoológica* **53**: 93-95.

Neal, J.C. (1889). A doença do nó da raiz do pêssego, laranja e outras plantas na Flórida devido ao trabalho de Anguillula. *U.S. Bur. Ent. Bull.* pp. 20-31.

Ohri, P., Sohal, S.K., Bhardwaj, R. e Khurma, U.R. (2007). Resposta morfogenética e bioquímica de *Meloidogyne incognita* a brassinoteroides isolados. *Anais da Ciência da Proteção das Plantas* **15**(1): 226-231.

Patel, B.A., Patel, D.J., Patel, R.G. e Talati, J.G. (2001). Alterações bioquímicas induzidas pela infeção de *Meliodogyne* spp. no grão-de-bico. *ICPN* 8: 13-14.

Prasadji, J. K. e Sitaramiah, K. (1992). Efeito de reguladores de crescimento de plantas isoladamente e em combinação com nematicidas na severidade dos nós radiculares e no rendimento do tomate. *Indian Journal of Nematology* **22**: 77-81.

Raman, R., Ganguly, A.K. e Dasgupta, D.R. (1992). Estudos sobre duas oxidoreductase e polifenoloxidase de feijão-frade infetado por *Meloidogyne incognita* raça 1. *Indian Journal of Nematology* **22**:139-145.

Sasser, J.N., Carter C.C. (1985). Overview of the International *Meloidogyne* Project 1975-1984. Em An Advanced Treatise on *Meloidogyne* (J.N. Sasser, C.C. Carter., eds.). North Carolina State University Graphics, Raleigh. pp.19-24.

Shimizu, M.M. e Mazzafera, P. (2007). A polifenoloxidase é induzida por metilja-smonato e *Meloidogyne javanica* em raízes de soja, mas não está envolvida na resistência. *Nematologia* **9**: 625-634.

Stirling, G.R., Stanton, J.M. e Marshall, J.W. (1992). The importance of plant-parasitic nematodes to Australian and New Zealand agriculture. *Australasian Plant Pathology* **21**: 104 - 115

Swain, S.C., Ganguly, A.K. e Umarao. (2004). Respostas bioquímicas específicas da raça em hospedeiros diferentes contra o nemátodo dos nós radiculares, *Meloidogyne incognita*. *Indian Journal of Nematology* **34**: 26-32.

Theberge, R. L. (1985). Pragas e Doenças Comuns Africanas da Mandioca, Inhame, Batata Doce e Cocanha. No Instituto Internacional de Agricultura Tropical (R. L., Theberge, ed.). Ibadan, Nigéria. p 107.

Vasyukova, N.I., Zinov'eva, S.V., Udalova, Zh., V., Panina, Y.S., Ozeretskovskaya, O.L., e Sonin, M.D. (2003). O papel do ácido salicílico na resistência sistémica do tomate aos nemátodos. *Daklady Biological Sciences* **391**: 343-345.

Wutys, N., Waele, D.D. e Swennen, R. (2006). Extração e caraterização parcial da polifenol oxidase de raízes de bananeira (*Musa acuminata* Grande naine). *Fisiologia e Bioquímica Vegetal* **44**: 308-314.

Zacheo, G., Pricolo, G. e Zacheo, T.B. (1988). Efeito da temperatura na resistência e alterações bioquímicas em tomateiro inoculado com *Melidogyneь incognita*. *Nematologica Mediterranean* **16**: 107-112.

Printed by Books on Demand GmbH, Norderstedt / Germany